TÍTULO

O DESPERTAR DE UM TOLO

Tema

Graus de elevação

Volume 2

Escrito por: Antonio Fernando Nunes Da Silva

Contato

+55(16)991621100

Email: afns51981@gmail.com

Todos os direitos autorais reservados: lei 9610/1998

Introdução

Para melhor clareza e luz para meus fiéis e Poderosos leitores trago esse segundo volume Do Despertar de um tolo que é a continuação do volume anterior este que é o embrião do discípulo e Mago desperto para novas idéias e mundos que ficam além do véu do entendimento dado a maioria da sociedade.

O primeiro volume foi dado com muitas frases e palavras ocultas que creio que serão reveladas aqui neste segundo volume. Leia e Releia o primeiro e o segundo volume juntos Por que neste segundo volume contém O desvelo de uma luz muito mais superior com maior claridade que é o revelar das gotas de luz e o Brilhar da sabedoria Celeste sintetizada para a compreensão comum aos pupilos sensíveis ao imana por trás dos veus

Onde esconde mistérios e poderes que Convido você a buscar com muita diligência e humildade reconhecendo que teremos somente o que nos é revelado pelo o senhor dos Espíritos o EU SOU O QUE SOU.

O pupilo que se dedicado Se entregar ao conhecimento começara como tolo. Homem Comum e terminará como mago ser elevado apto para reconhecer seu poder e usar com sabedoria e reconhecimento de sua efêmera existência.

O Despertar de um tolo

VOLUME 2

BOA LEITURA

Com o intuito que todo o leitor indagara ao seu próprio ser um conhecimento elevado vindo do Deus da Luz. de onde não há sombra de variação em nenhum aspecto .

As suas palavras são fiéis e verdadeiras e permanecem para todo sempre para continuarmos Convido você para fazer esta pequena oração comigo.

Oração

Senhor Deus do universo de onde provêm todas as coisas e que enviasse o teu beneplácito para toda humanidade que dá sabedoria e que retira sabedoria de quem quiser e que enviaste teu Messias para redenção e aproximação de todo homem a voz.

Conceda a mim esta sabedoria que busco com toda força do meu ser e que dedico todo sentimento da minha alma para consegui-la esta amiga que faz com que todo aquele que a buscar de todo o sentimento proveniente de ti a encontre e cresça em conhecimento das ciências ocultadas aos homens comuns, conceda a mim para que eu me Transforme em vossa semelhança assim como no céu também na terra amém.

O ser humano em suas variadas formas de existência também se encontra em vários graus de elevação espiritual Portanto o discípulo deve reconhecer em primeiro tempo a sua condição espiritual pragmática e só daí começar um enredo de propósitos e insistentemente buscar meios para galgar O desvelo dos véus tendo em mente o cuidado para com a criação do divino e eterno criador.

Com estas observações Subirá até ao terceiro véu se este insistentemente buscar possível é que possa alcançar o sétimo Portal na presença do EU SOU e este verá as maravilhas da criação que se encontra fora da visão dos homens comuns. Assim como Daniel que pela sua dedicação e humildade na presença do EU SOU recebeu testemunho do anjo Gabriel que o chamou de varão muito desejado e o revelou muitas maravilhas e fez deste um sábio na Babilônia as ciências ocultas aos homens comuns não pode ser revelada por outro caminho a não ser por uma observação dedicada e zelosa de todo o universo sendo assim todo aspirante deve ter consciência de que cada degrau de elevação só é obtido com a permissão do Senhor do Universo façamos uma

Prece

Senhor do Universo de onde provêm todas as coisas e que a sabedoria e a ciência e inteligência lhe é sujeito conceda a mim por intermédio do teu espírito que traz a verdadeira inteligência e sabedoria para que o proceda infalivelmente à nobre arte a qual estou consagrando a minha busca agora. E obras miraculosas eu possa fazer em teu nome e que este seja engrandecido e que a pedra que os sábios rejeitaram e que estivesse oculta aos sábios deste mundo revê-las a mim, mas que, pois tu ocultaste essa sabedorias aos grandes e comprazer-se revelá-las aos pequenos de Coração quebrantado e que esta grande obra que eu tenho que fazer aqui embaixo seja o reflexo Fiel do que queres que eu faça e que a força do teu poder seja através do teu espírito canalizado até este humilde pequeno discípulo para que eu possa gozar de teus bens para sempre aqui e após este tempo, imploro a ti pelo Messias a pedra Celeste e angular amém amém amém .

Muitos dormem e no seu sono impõe grades em nossas janelas e travas em nossas bocas e nos leva a miopia intelectual e espiritual com pretexto de santidade nos tira a espiritualidade e sataniza nossa fé para nos fazer carnais e ignorantes ao saber espiritual de elevação temporal e atemporal sabedoria está que nos é enviada pelo criador Universal

Estes tendo a intenção consciente ou às vezes até inconsciente de extinguir o espírito de Deus, nos seus sermões dizem que não há milagres e que o Espírito de Deus não manifesta nos homens nesse tempo.

Tudo é do Senhor e não há nada que não faça parte da sua criação às coisas, mas são para aqueles que as fazem, mas para esses verdadeiramente são, pois esses são maus e tudo é mal para os maus

A necessidade de um despertar na população mundial é extremamente importante sabendo que isso tem ocorrido já há muito tempo em alguns pontos do conhecimento humano, porém quero expor aqui neste livro é o vislumbrar do homem espiritual sendo esta a base fundamental para uma sociedade mais consciente de suas atribuições para com o movimento criativo da Consciência Humana a seu tempo.

 Destaco aqui que este é o tempo e agora é à hora em certo tempo da história a ciência em alguns pontos foi agredida amordaçada trancafiada e por fim amaldiçoada por pessoas ignorantes sobre o assunto porque reconheço que a magia também é uma ciência provida de sabor cheiro música e luz e nós somos os seus receptores que temos a obrigação de expô-las, os assuntos aqui abordados deve ser apreciados como a boa ciência oferecida pelo universo a todo aquele que conseguir quebrar os paradigmas da existência.

Temos muitas barreiras a transpor e dilemas a resolver ser um religioso não fazem você um conhecedor das ciências do Criador como também o não ser religioso não faz, mas as práticas feita com consciência Universal com respeito pelos outros de maneira afável e perspicaz isso sim.

Sendo assim seja você um cristão um muçulmano um judeu ou de uma outra religião não te faz sábio ou ignorante mas isso te dá as bases de fé para usar toda a capacidade dada pelo Senhor do Universo para ser um religioso.

Portanto não digo aqui que isto te salvará ou te condenará, mas que isso te faz um religioso, portanto a religião é importantíssima para a humanidade por que esta fornece esperança e moral.

No caminho para obter conhecimento são necessárias algumas etapas aqui falarei da etapa que te levará a um despertar existencial fornecendo consciência de tempo espaço época e vocação.

Análise vocacional e existencial deve ser feita por todos obtendo conhecimento do anjo dedicado e número do seu dom, pois pela história alguns se destacaram pelo observar a existência

Pois como formigas no Formigueiro de cristal transparente como o vento assim são os homens na presença do EU SOU que observa tudo sem obter a atenção de suas criaturas e assim que estas criaturas olhar numa perspectiva de filho e senhor responsáveis pelos seus próprios atos se desdobrarão véus que desvelaram fagulhas de conhecimento que fará estes olhar para dentro de si e perguntas haverá, porém não sem respostas.

Pois a partir daí correntes serão quebradas e antigas amarras desfeitas e

Horizonte desvelado olhos abertos e Mistérios contemplados e desabrochando com uma pequena flor de Brahma que se abre obedecendo ao curso do tronco da videira ou como uma larva que desabrocha a borboleta com características especiais e específicas a sua natureza será este, porém o círculo está apenas a começar e a transformação virar se diligentemente voltar seu coração a encontrar então achará a Pedra Filosofal.

Mas há algumas observações que devem ser feitas o arrogante deve se tratar como se trata de uma lepra o presunçoso deve aprender a lição do bom lavrador e ser humilde e o obstinado a malícia e impiedade deve questionar-se e ver o exemplo do Messias o qual dedico O desvelo obtido

Enegias

Tudo é energia criada de muitas formas elementares porem existe energias analógicas que não depende do Saber de estar criando do ente, mas dá força criadora embutida no indivíduo. Essas são energias vibracionais emitida pelo corpo do ser, este corpo pode ou não estar no mundo físico conhecido. Pois existem alguns mundos que diferem muito pouco do que vemos com esses olhos Somos seres espirituais numa experiência existencial física e terrena, estamos aqui neste mundo como peixes no meio do mar, nos estamos submersos em muitas formas de energias e algumas delas serão destacadas neste livro, estas são responsáveis pelo cumprimento das ordens emitidas desde a criação e sabendo o homem como acessá-las poderá obter o favor do universo.

Para que possamos transpor este estado que nos encontramos existe duas portas uma delas é a morte, a morte é apenas um portal onde somos obrigados a passar por ele e quando passamos abre-se um leque de descobertas e vemos muitas verdades ainda ocultas e uma nova etapa existencial inicia Onde teremos novas experiências.

Porém não será boa se o vivente debilitar esta experiência vivencial, a segunda forma de transpor este estado físico é adentrar no espiritual no Fantástico no mágico mundo que existe agora querendo ou não você cria a sua existência. Quero através deste livro partilhar um pequeno desvelo que tive nesta vida .Fazendo constantes observações daquele que está além acima do mar de cristal dele recebi como presente o que busquei.

Todos nós somos energia átomos milhões de vezes menores que a esfera de uma caneta esferográfica esses átomos são agrupados de forma a que se espera desde que seguida rigorosamente uma matriz genética já pré-determinada e isto no tocante ao oculto esta energia existencial está em todo lugar aqui e aí onde você está lendo este livro agora este livro foi dado em uma forma de vibrações compelida Por Um ser superior que me instruiu a tudo que contém aqui.

Somos sentimentos e estes são responsáveis por criar certos tipos de ondas de energias ódio amor felicidade Vingança e desses sentimentos flui toda sorte de sentimentos que é mantido segundo a natureza de cada sentimento observando as características do emissor Este é o que dá identidade as vibrações sendo que sabendo ou não emitimos ondas vibracionais analógicas a nosso âmago em forma sintética aos sentimentos que é sentido pelo receptor em forma de sentimento vibracional esta vibração é sentida pelo receptor em graus e sensibilidades usando o instrumento de medida metros e centímetro Tentarei vislumbrar a você os graus de receptividade das ondas Beta alfa e teta.

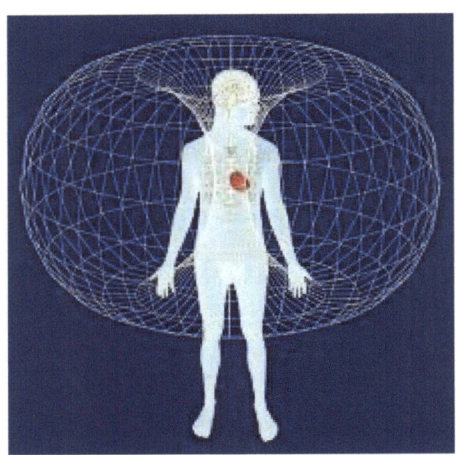

No primeiro grau considera-se que é aquele que aproxima-se do emissor menos do que 50 centímetros nesta se sente uma invasão ou uma agressão ou até atração corporal.

No segundo grau Existe uma grande parcela da sociedade que consciente ou inconscientemente sente as Vibrações em forma de empatia ou antipatia e a esses eu ouso dizer que a área receptora alcança até 3 m.

No terceiro grau também existe aqueles que são hiper receptores além das ondas Beta e Alfa também são sensíveis as ondas teta Estes são naturalmente recluso e super sensíveis e instáveis entre multidões e em determinado dias horas o alcance vibracional desses são indeterminados como receptores e também com emissores sabendo que quando emitido intencionalmente esta energia a mesma pode transpor Barreiras de tempo e espaço podendo alcançar pessoas em tempos e épocas diferentes, é imperativo que o discípulo aproveite a oportunidade de desenvolver seu poder, Pois estes sempre se destacam e são os iluminados da história.

 Na contemplação da sabedoria não revelada a todos o pupilo deve moderar no seu ímpeto de agraciado pelas descobertas de mistérios, seja em livros ou na própria contemplação da pedra que exala luz ou até por outros meios que pode fugir ao meu saber. no muito falar existe desequilíbrio e pode chegar até a tolice então guarde o que descobriu em segredo até contemplar o conhecimento e se tornar maduro no saber palavras são boas e é um dos meios de comunicação mais comum Porém quando falamos expressamos aquilo que temos a intenção de trazer a luz dos ouvintes mas aí a um perigo no pronunciar de nossas idéias o interlocutor se uma pessoa sensível e spert na leitura corporal tem uma análise completa de quem realmente nós somos, para o pupilo o mago não é bom pois foge do controle o equilíbrio que o mistério traz sabendo que quem tem conhecimento e sabedoria é poderoso esse provérbio é válido para todos os campos da vida humana mas é no campo espiritual que será nossa viagem para uma viagem perfeita e poderosa o mago ou iniciante discípulo tendo conhecimento de quem é o criador e qual a fonte de poder a ser usada fazendo jejum correto deixando sua carne bem fraca a oração piedosa segundo o seu credo porém observando que o credo tem que estar sintonizado com a âmago e ambos sintonizados com a força geradora que é o criador de tudo Entrelaçados com o sentimento buscado e usado em preeminência, O discípulo ou mago deve balbuciar a seguinte frase pelo Poder do Criador A mim revigorado pelo Messias com a proteção do anjo a mim enviado.

Esta frase o mago ou discípulo dirá em voz alta: Eu Te ordeno então dirá o que se quer.

E se possível impor as mãos se não levante as mãos em direção ao meio dia e contemple o milagre.

Observação tudo deve ser feito com muito respeito e não deve puxar a atenção ao prenunciador, portanto não faça aos gritos, pois o bom e equipado magro deve constantemente buscar aperfeiçoamento de suas práticas lendo e fazendo observações da Pedra Filosofal e da pedra que irradia luz para o seu próprio crescimento e de todos que a ele se apegar para o aprendizado, porém o desapego é uma característica que o aspirante a milagre deve zelar como sua própria pedra, pois o apego Exagerado ao materialismo e vaidade é tão corrosivo ao poder de milagre quanto ao fogo é perigoso a mina de carvão mineral, portanto tendo descalços os pés de toda a ligação vaidosa em excesso O discípulo está pronto para fazer o seu milagre ou magia dedique-se. Algo miraculoso depende de duas bases fundamentais em primeiro lugar o mago o discípulo deve ter confiança em sua vocação em que tem os fundamentos bem firmes e em segundo lugar se for cura passe ou alguma prática dessa natureza a fé do paciente é imprescindível, mas se o mago for fazer alguma magia de outra natureza deve fomentar o sentimentalismo interior para uma boa sintonia com o que se quer como já exposta nas páginas anteriores lembre-se tudo é possível e não há nada oculto que não seja revelado desde que se peça a quem tem Pois é ela era a sua aluna e quando os mundos eram formados ela estava ao seu lado e era a sua discípula dedicada e quanto e quando necessário pedia ela seu conselho e com muito carinho Sempre lhe ensinava criada por ele e sua discípula a sabedoria sempre me serviu com louvor a este que agora é seu Criador aceite o como pai reconheça esta condição em teu coração e peça-lhe a proteção e que envie seu anjo e lhe proteja e seja o seu instrutor quando em sintonia observando os ensinos das páginas dizeres alguma magia dê 3 cliques com o pé ou Bata com o cajado três vezes e será feito o seu desejo

O poder por trás das idéias

Egrégora é um conjunto de idéias ou apenas uma idéia defendida por duas ou mais pessoas essas idéias ficam parada em um plano espiritual superior ou inferior no cosmo que está energizada com o plasma de idéias defendidas por pessoas que defenderam as mesmas idéias de todas as épocas, portanto quando o Messias disse " se duas ou três pessoas Ligar algo na terra será ligado nos céus e quando duas ou três pessoas desligar algo na terra será desligado nos céus" entendo eu que ele estava dizendo isto mesmo Devido a um conjunto de fatores espirituais as idéias que foram magnetizados pelo poder das palavras Isto é idéias formadas por uma egregora tem muito poder e influência no mundo físico,portanto o discípulo ou mago profeta para acedê-las deve esta comungado com as mesmas idéias e consagrado com as homilias e doutrinas defendidas pelos mesmos.

Falando do Poder da egregora que se encontra no mundo físico Isto é depende muito pouco de quem concebe as idéias, mas muito daqueles que as seguem e adota como verdade e com veemência as defende, pois estas ordens que aqui estamos falando pode ser uma igreja ou um Centro Espírita ou outra ordem qualquer, as homilias e doutrinas idéias que seus fiéis defendem emite ondas analógicas

Poderosas que o discípulo mago profeta deve estar esclarecido da existência desse poder.

E se for batalhar espiritualmente ou criticar a fim de lhe causar dano de qualquer espécie tem que estar ciente de que a ordem que o próprio faz parte seja muito mais poderosa do que a que ele quer fazer dano, estas gera no plano espiritual conseqüências que o emissor e sua ordem responderá por elas.

A ordem que esse discípulo Mago Profeta faz parte deve ser superior, não digo em âmbito material, mas no espiritual, isto é que o padroeiro pai senhor ou dono da Ordem seja muito mais forte do quê a que ele está enviando o caos.

Portanto eu lhe digo que melhor é a paz amor respeito do quê ódio Infâmia e perseguição.

Observe isto de todo coração para quê não incorra de estar batalhando contra o criador Universal a quem devemos reverência eterna.

Milagres

O milagre é algo alcançado por qualquer pessoa que diligente- mente buscar isto requer uma sincronia de alguns fatores, porém a deficiência de um desses itens impede o Êxodo perfeito do que se quer que venha a existir, portanto dedique com muito zelo as práticas apresentadas. Profecia também é uma forma de milagre a Premonição sempre foi e é possível para uma determinada classe de pessoas muitos homens e mulheres se destacaram na área da Profecia. Em destaque apresentam os antigos profetas da Bíblia como Elias e Eliseu que praticava a profecia de resultado imediato há 1000 anos a c, porém com sua Profecia esta posteridade não experimentou o cumprimento delas não podendo apreciar essas Maravilhas Muitas vezes somos tomados pela incredulidade esta que é o maior inimigo dos Milagres, pois fomos ensinados no mundo materialista com filosofias que se apresentam como palavra da razão por isto a uma urgente necessidade de um despertar para o mundo sobrenatural e a partir daí os homens abriram seus olhos e verão o poder de Deus se manifestar e poderosos serão como sendo feitos a imagem e semelhança de DEUS, portando como disse o apostolo PAULO da BIBLIA cristã , não extinguias o ESPÍRITO de DEUS que abita em voz. As praticas aqui apresentadas não foram todas testadas porem são dignas de confiança pois foram estudas para serem apresentadas como as ciências que ainda não foram apreciadas pelos cientistas tradicionais.

Quero agradecer ao sublime criador pela inspiração.

OBRIGADO

FIM

Contato

+55(16)991621100

Email: afns51981@gmail.com
Todos os direitos autorais reservados: lei 9610/1998

www.ingramcontent.com/pod-product-compliance
Lightning Source LLC
Chambersburg PA
CBHW042323250526
R18347300001B/R183473PG45473CBX00018B/11